"十四五"时期国家重点出版物出版专项规划项目

农业科普丛书

图说油菜籽收获机械化

主　编　万星宇　廖庆喜　　副主编　廖宜涛　张青松

中国农业科学技术出版社

图书在版编目（CIP）数据

图说油菜籽收获机械化 / 万星宇，廖庆喜主编 .-- 北京：中国农业科学技术出版社，2023.12

ISBN 978 – 7 – 5116 – 6664 – 2

Ⅰ . ①图…　Ⅱ . ①万… ②廖…　Ⅲ . ①油菜—种子—收获—农业机械化—图解　Ⅳ . ① S634.309-64

中国国家版本馆 CIP 数据核字（2023）第 256752 号

责任编辑　周丽丽
责任校对　李向荣
责任印制　姜义伟　王思文

出 版 者　中国农业科学技术出版社
　　　　　北京市中关村南大街 12 号　邮编：100081
电　　话（010）82106638（编辑室）（010）82109702（发行部）
　　　　（010）82109709（读者服务部）
传　　真（010）82109194
网　　址　https: // castp.caas.cn
经 销 者　各地新华书店
印 刷 者　北京地大彩印有限公司
开　　本　787mm×1092mm　1/20
印　　张　3
字　　数　60 千字
版　　次　2024 年 1 月第 1 版　2024 年 1 月第 1 次印刷
定　　价　30.00 元

资　助

国家重点研发计划项目（2021YFD1600502）
国家自然科学基金项目（52205270、52075210）
财政部和农业农村部：国家现代油菜产业技术体系专项（CARS-12）
农业部全国农业科研杰出人才及其创新团队（2015-62-145）
农业农村部油菜全程机械化科研基地

《图说油菜籽收获机械化》

编委会

主　　编　万星宇　廖庆喜

副 主 编　廖宜涛　张青松

编　　委　舒彩霞　丁幼春　黄　凰

　　　　　肖文立　高大新　袁佳诚

油菜种植户老李参加了村里召开的油料扩种动员会，了解到种植油菜是国家粮油供给安全的战略保障。

2021 年 中央农村工作会议	2022 年 中央一号文件	2023 年 中央一号文件
◆ 要实打实地调整结构，扩种大豆和油料，见到可考核的成效 ◆ 提升农机装备研发应用水平	◆ 大力实施大豆和油料产能提升工程 ◆ 在长江流域开发冬闲田扩种油菜	◆ 加力扩种大豆油料，统筹油菜综合性扶持措施 ◆ 大力开发利用冬闲田种植油菜

原来油菜这么重要呀！

会后老李又开心又纠结，
于是找到儿子小李求助。

国家在大力推进油菜扩种，我是蛮有信心的，但也有一些困难，你帮我分析分析。

那您给说说咱们的优势在哪里，又有哪些困难呢？

要说这信心嘛，咱们村里可是有好多类型的油菜播种机，可以保质保量完成播种！

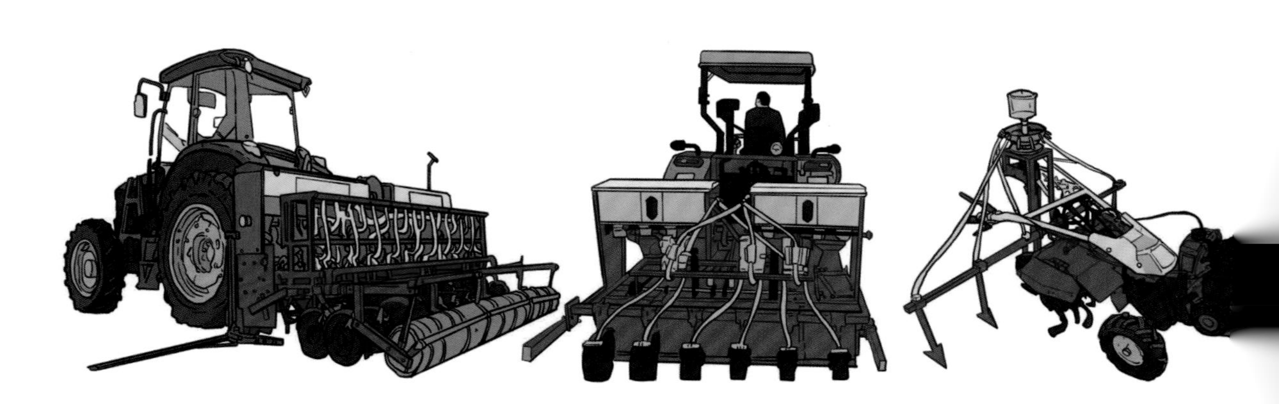

困难主要在收获方面，种得再好也得能收回来才行呀！

你看这油菜成熟后跟水稻、小麦可不一样，长得可比人还高呢，而且主茎粗、分枝多，成熟度还不一致，有时候上面的角果成熟了，下面的角果还是青的，收获难度太大了！

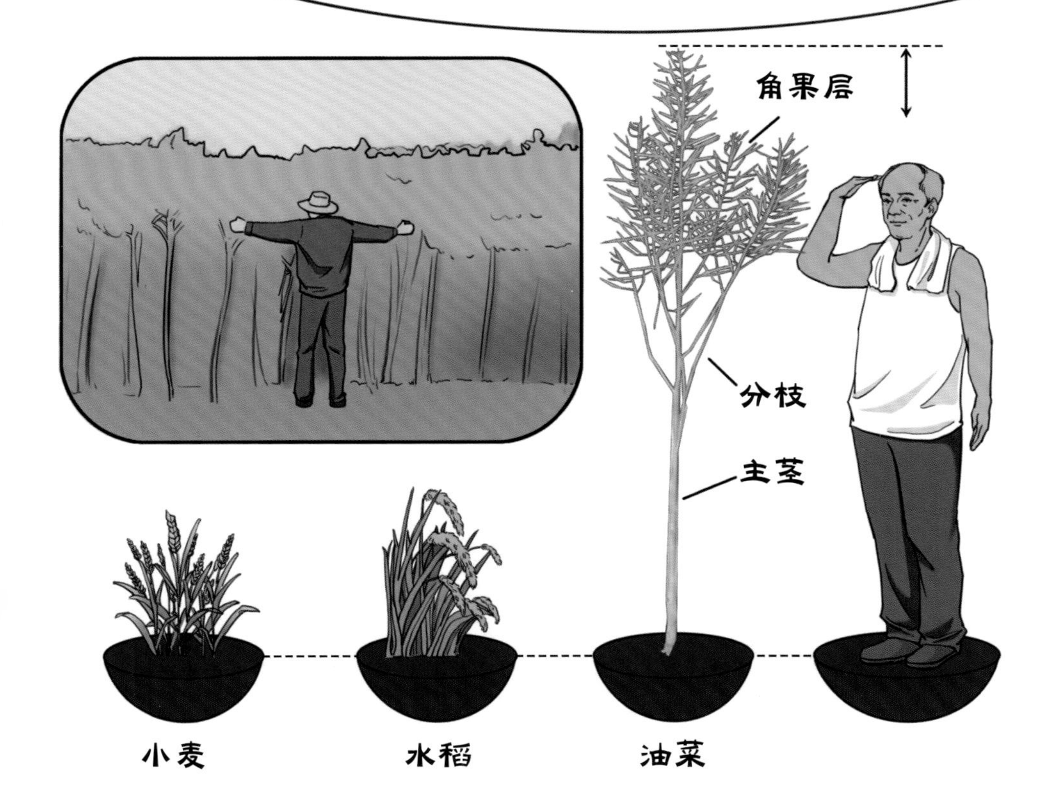

目前油菜收获还是以人工收获为主，等油菜七八分熟的时候把油菜割倒晒几天，等完全成熟了再捡起来脱粒、清选，太辛苦了！

割倒

晾晒

脱粒

清选

依靠人工效率太低，劳动强度又特别大，现在村里大部分年轻人都去城里打工了，劳动力紧缺，非常需要油菜机械化收获。有没有什么门路可以了解下油菜籽机械化收获？

前段时间我参加了油菜生产机械化培训班，专家油博士说有问题可以随时向他咨询，我请他来指导一下吧！

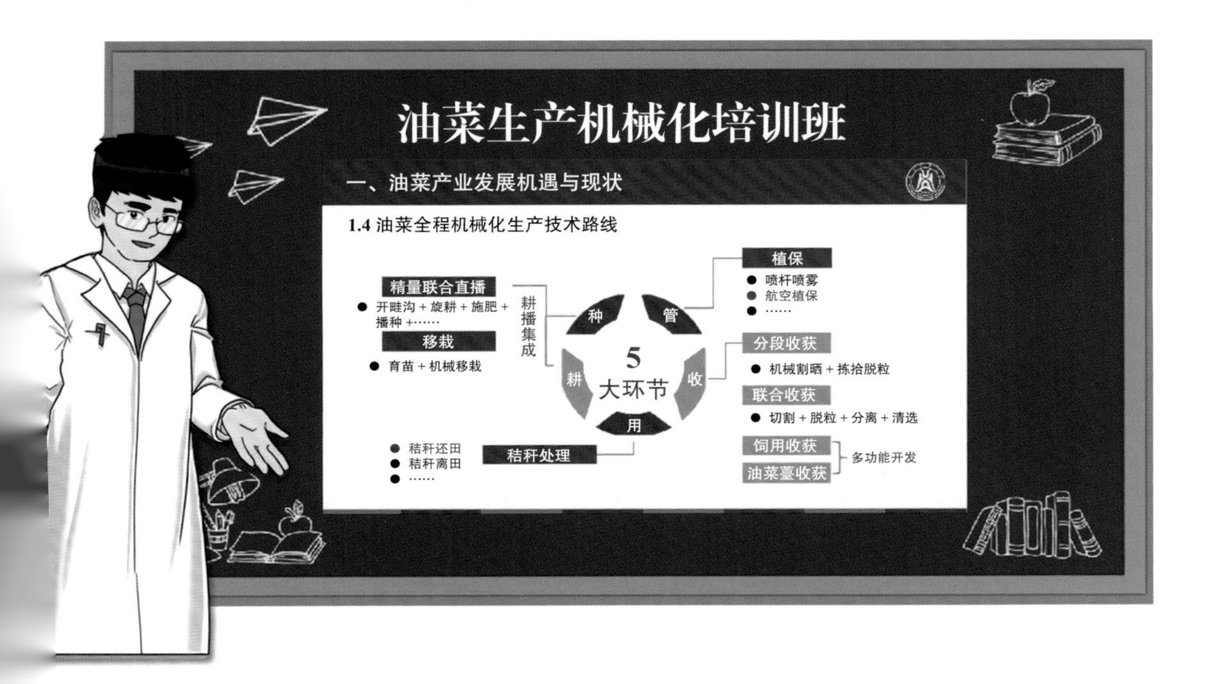

一段时间后，油博士受委托来到村里，
跟老李一起交流油菜籽的低损机械化收获。

老李！您好啊！我都看到了，沿途咱们种的油菜长势良好，今年又是大丰收啊。您的困难我已经听说了，我和我的团队自当竭尽全力帮助您。

谢谢油博士！咱们可是积极响应国家号召，把油菜扩种当作头等大事呢。眼看这么多油菜即将成熟，却没有油菜机械化收获的机具，全村都在犯愁呢！

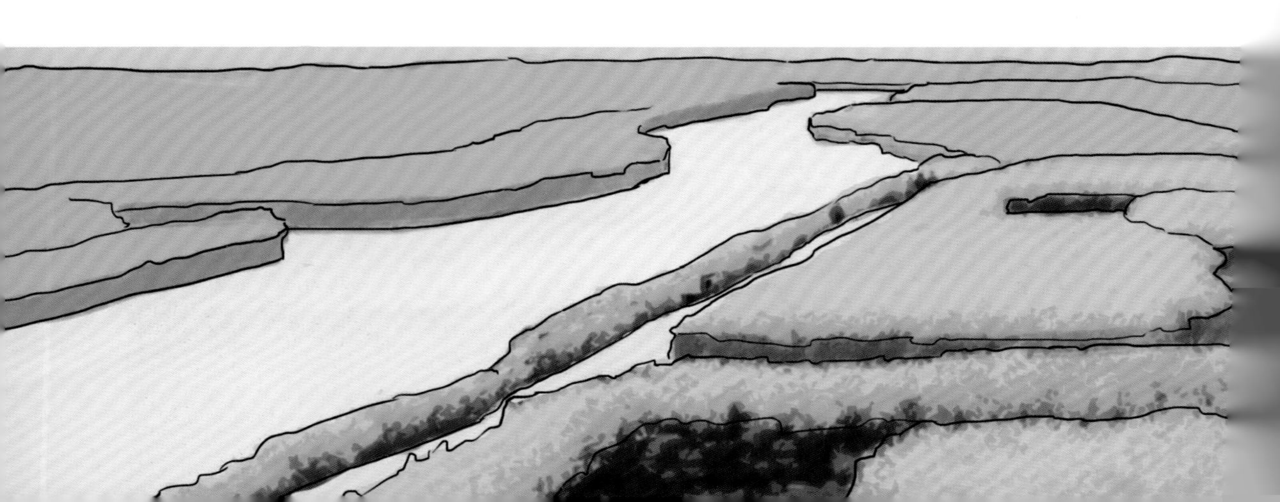

您也知道，扩种油菜已经获得社会层面的广泛共识，我们团队也研讨了油菜扩种途径，草拟了几条建议，正准备向政府报告呢。

咱们村正在实践冬闲田扩种油菜技术，效果也还不错，我心里更踏实了！

村里动员大家把往年冬季闲置的田地种起来，还多亏有油菜播种机可以用，不然这么大的工作量铁定完不成。

问题也来了，只种不收可不行，没有机械化收获装备，我们也是有心无力！

- 做好科学合理布局和政策保障，有序推进长江流域冬闲田扩种计划
- 突破机械化与智能化关键技术，着力实施油菜种植保护区
- 推进油菜全价值链开发工程，强化支撑内生增长
- ……

好的，首先我向您介绍一下油菜籽有哪些收获方式吧，主要包括联合收获和分段收获。目前常见的是联收获方式，您见过油菜联合收获机吗？
联合收获机咱见过，一下就可以把油菜籽收起来，方便得很！
那您知道联合收获机具体是怎样工作的吗？
这还真不清楚，您赶紧给我讲讲吧。

油菜联合收获

收获方式：一次完成油菜的切割、脱粒、分离、清选等作业工序

收获时间：在全田油菜角果90%变成黄色或褐色、成熟度基本一致的条件下收获

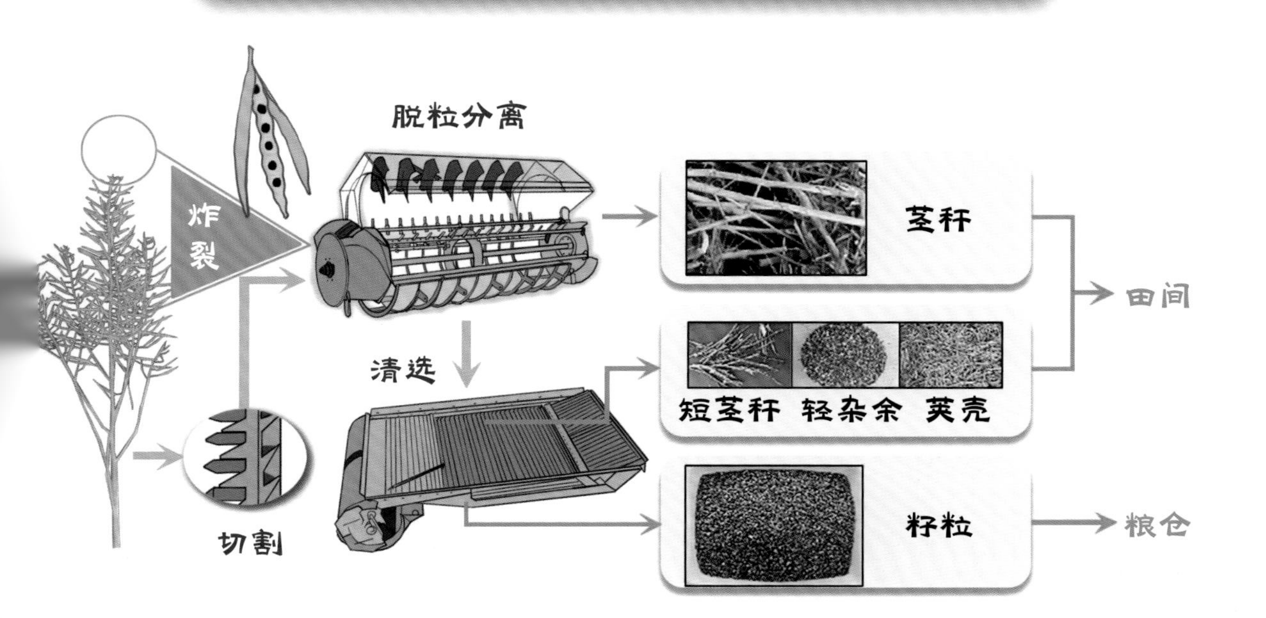

常规联合收获机主要包括割台、链耙式输送器、脱粒分离装置、风机加振动筛组合式清选装置等，重点向您介绍一下主流的纵轴流联合收获机。

工作时，割台将油菜植株割倒，由链耙式输送器抓取后输送至脱粒分离装置，在脱粒元件击打、揉搓等作用下，角果破裂，籽粒及部分杂余透过凹板筛形成脱出物并进入清选装置，茎秆则沿脱粒滚筒轴向运动排至田间；脱出物中籽粒与杂余的物料特性存在差异，杂余无法透过振动筛，在倾斜气流作用下被排至田间，籽粒则透过振动筛进入粮箱，完成整个收获过程。

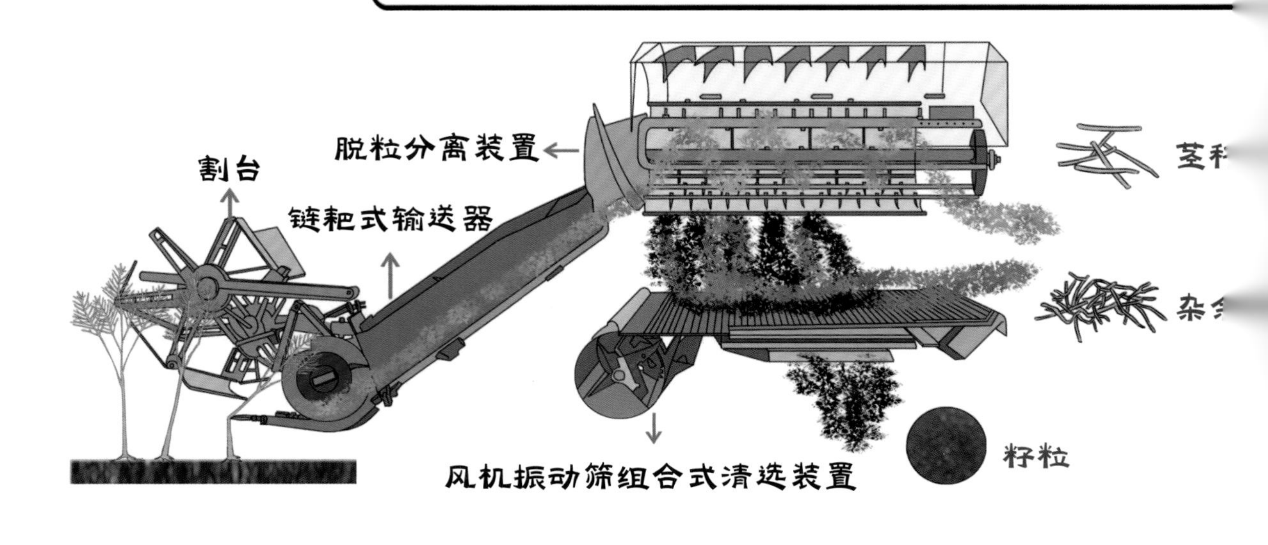

割台主要由横向往复式切割器、纵向往复式切割器、拨禾轮、螺旋扒指式输送器等组成。

作业时，纵向往复式切割器刀片往复运动，将油菜牵连的分枝切断，划分待割区域；横向往复式切割器将茎秆切断，在拨禾轮扶持作用下进入螺旋扒指式输送器；在螺旋叶片作用下茎秆被横向输送至链耙式输送器。

跟水稻收获机、小麦收获机的割台好像呀。

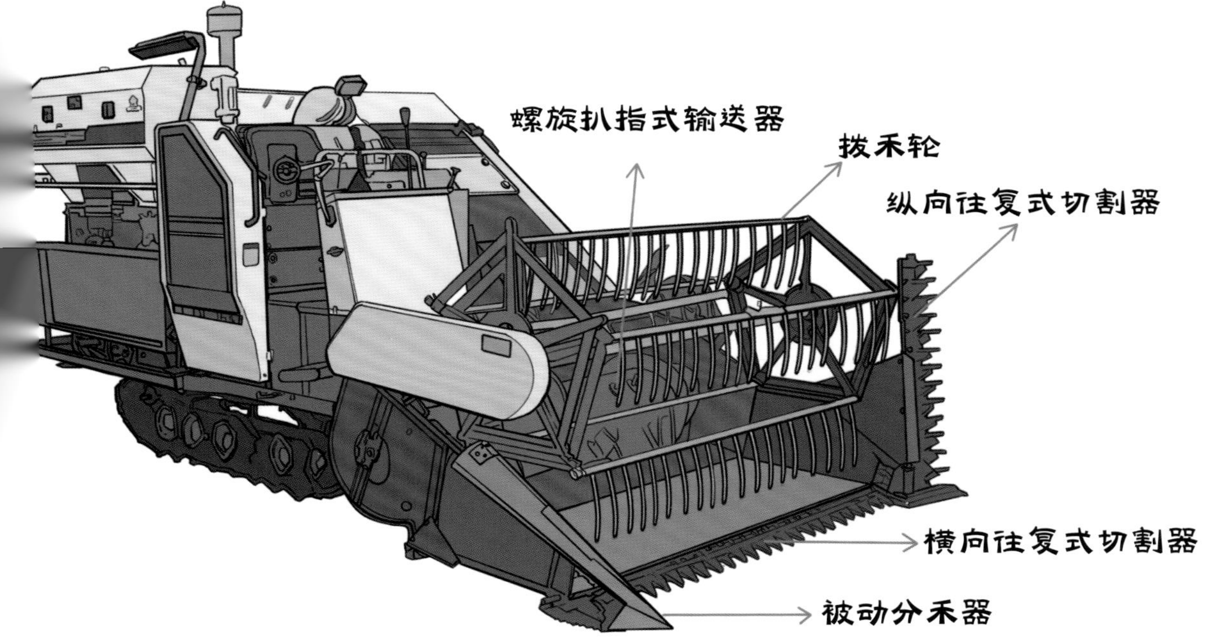

是的，但是要区分也很容易。油菜因为植株高大、分枝众多，油菜联合收获机一般会安装纵向往复式切割器，同时割台也会更长一些。

确实，这样一看就能分辨是不是油菜联合收获机了。

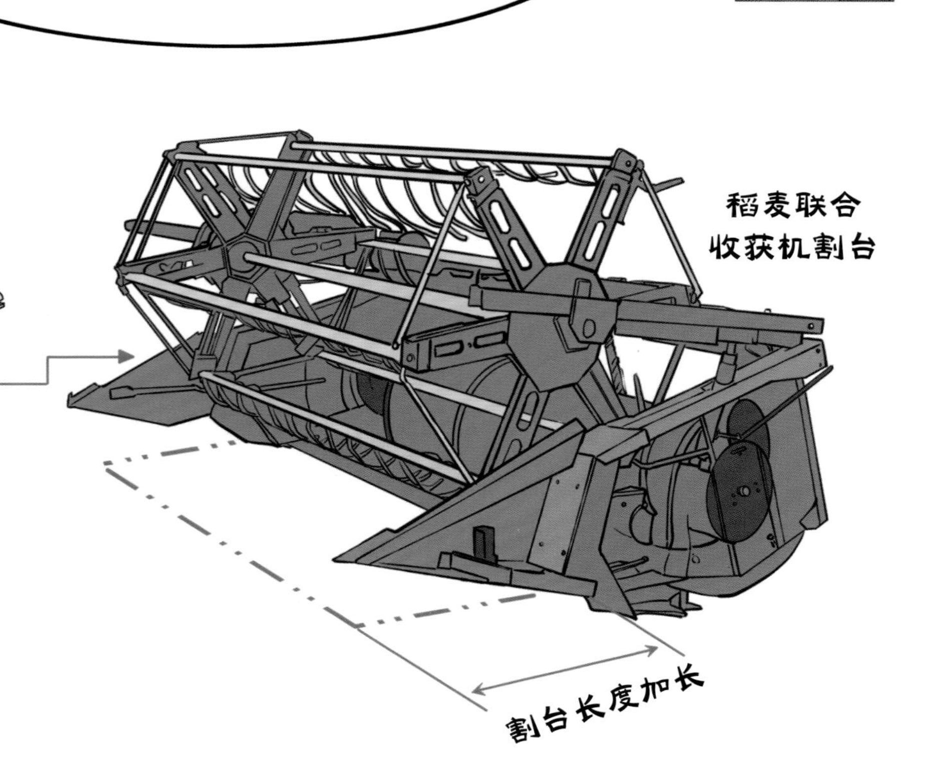

负载最大的还是脱粒分离装置。主要通过脱粒滚筒、导向顶盖、凹板筛等实现油菜的脱粒和分离工序。

回转运动的脱粒滚筒依靠喂入头螺旋叶片抓取输送过来的油菜茎秆；脱粒滚筒上的脱粒元件大多采用螺旋排序，一方面，与导向顶盖的导向叶片配合，促使油菜茎秆沿脱粒滚筒轴向运动；另一方面，脱粒元件与凹板筛配合，对油菜茎秆施加冲击、揉搓作用，使油菜角果破裂。

常用的脱粒元件包括钉齿、短纹杆、板齿等，大部分油菜茎秆在脱粒滚筒前半段就完成了脱粒。

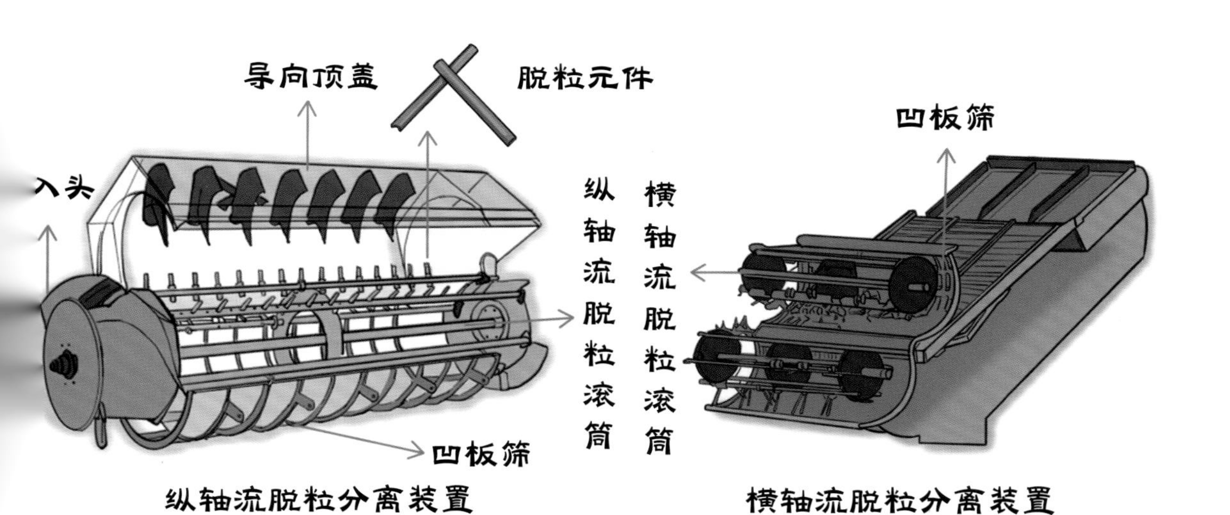

纵轴流脱粒分离装置　　横轴流脱粒分离装置

能不能获得干净的油菜籽粒就靠清选装置了。

常规清选装置多为风机与往复式振动筛配合，振动筛振动可以促使脱出物不断抖动，细小的籽粒可以透过筛网，体积较大的杂余被筛网阻隔，在风机产生的倾斜气流作用下与籽粒分离。

我理解了，跟我们用筛网人工清选差不多，都是不断抖动加吹气把油菜籽挑出来。

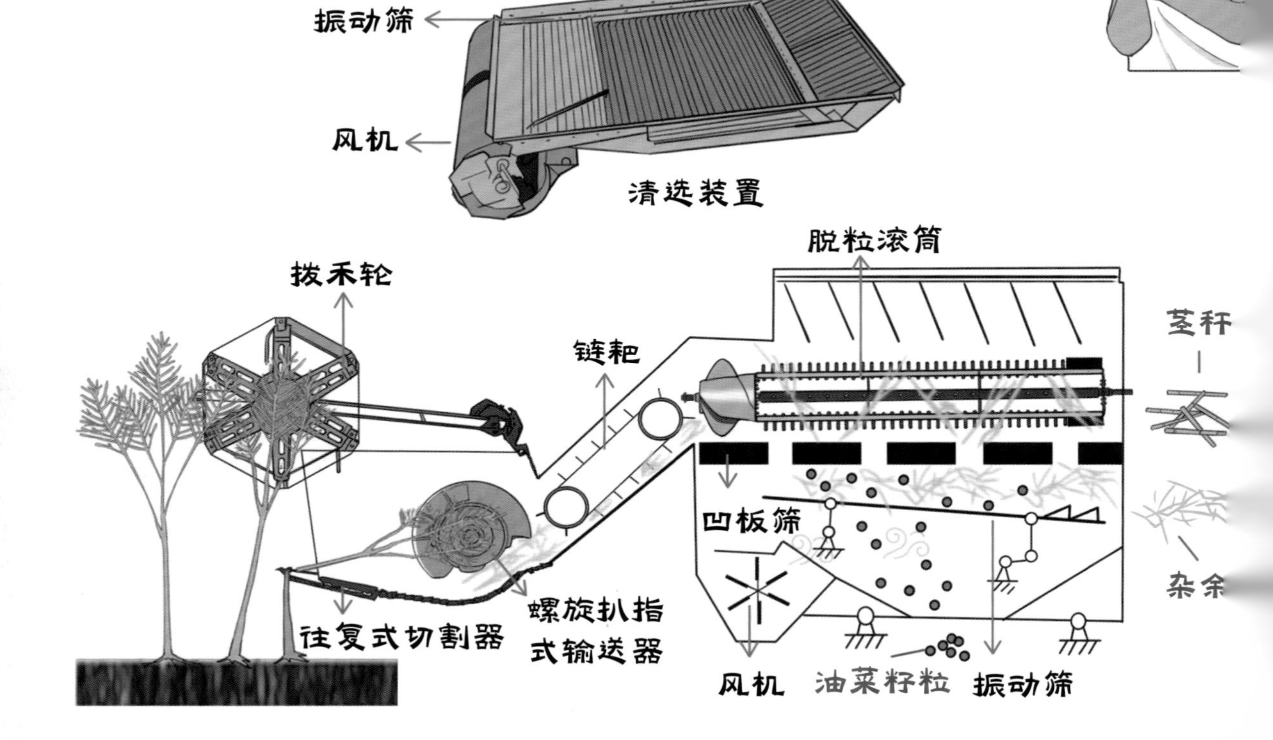

的确，风机加振动筛清选的形式就是模拟的人工清选作业。

以上部件再配合履带式动力底盘、控制系统等，就构成了完整的油菜联合收获机。

油菜联合收获机虽然用起来方便，但也存在一些不足呢。

哦？请您展开说说，我也好奇得很呢。

适收期的油菜植株高大、分枝众多，油菜联合收获机普遍存在与油菜植株特殊生物学特性不适应的问题，油菜籽粒径小，集中在 1.5 ~ 2.2mm，收获机作业后损失的油菜籽发芽，导致联合收获的油菜籽粒损失居高不下！

那油菜籽的损失是怎么形成的呢？

从油菜农艺性状角度分析，目前的油菜品种角果易炸裂、成熟度不一致、含水率较高，这些因素都容易造成收获过程中油菜籽的损失！

从农机角度分析，除自然落粒损失外，联合收获因环节较多，还存在割台落粒损失、脱粒夹带损失、清选损失等。

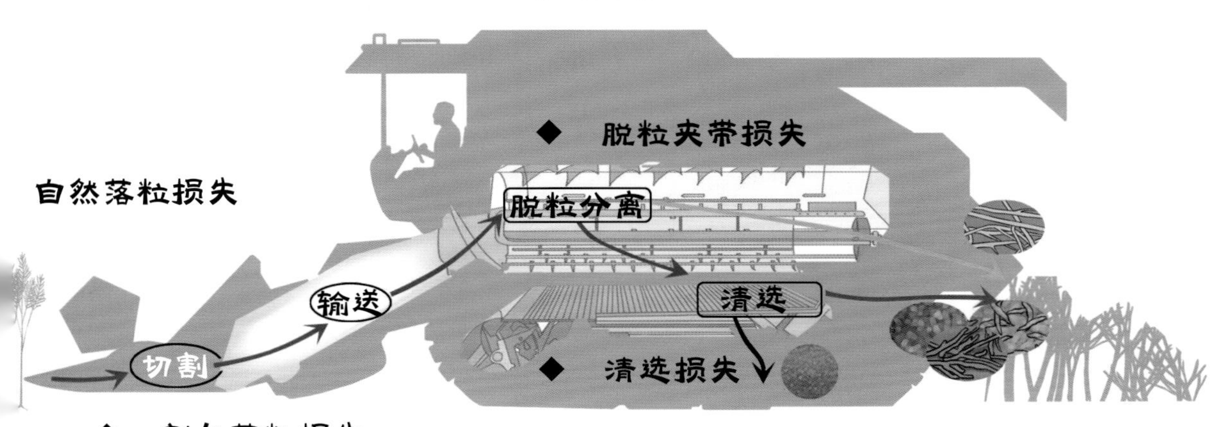

收获损失率居高不下已成为全社会关注的问题

自然落粒损失：角果成熟后自然炸裂

割台落粒损失：纵向往复式切割器分禾、横向往复式切割器切割茎秆、拨禾轮等击打油菜等，导致角果炸裂、籽粒损失

脱粒夹带损失：角果未完全脱粒并随茎秆一并排出机外

清选损失：油菜脱出物含水率较高，易导致振动筛“糊筛”，造成籽粒无法透过筛网，随杂余一同排出机外

“减损就是增产”

首先，收获时间对收获损失影响较大。

普遍在全田 90% 以上角果变成黄色或褐色，进入完熟期后，用 3 ~ 5 天完成收获，各地气候、种植条件差异显著，目测最佳收获时间误差大，过早或过晚收获均会增大籽粒损失。

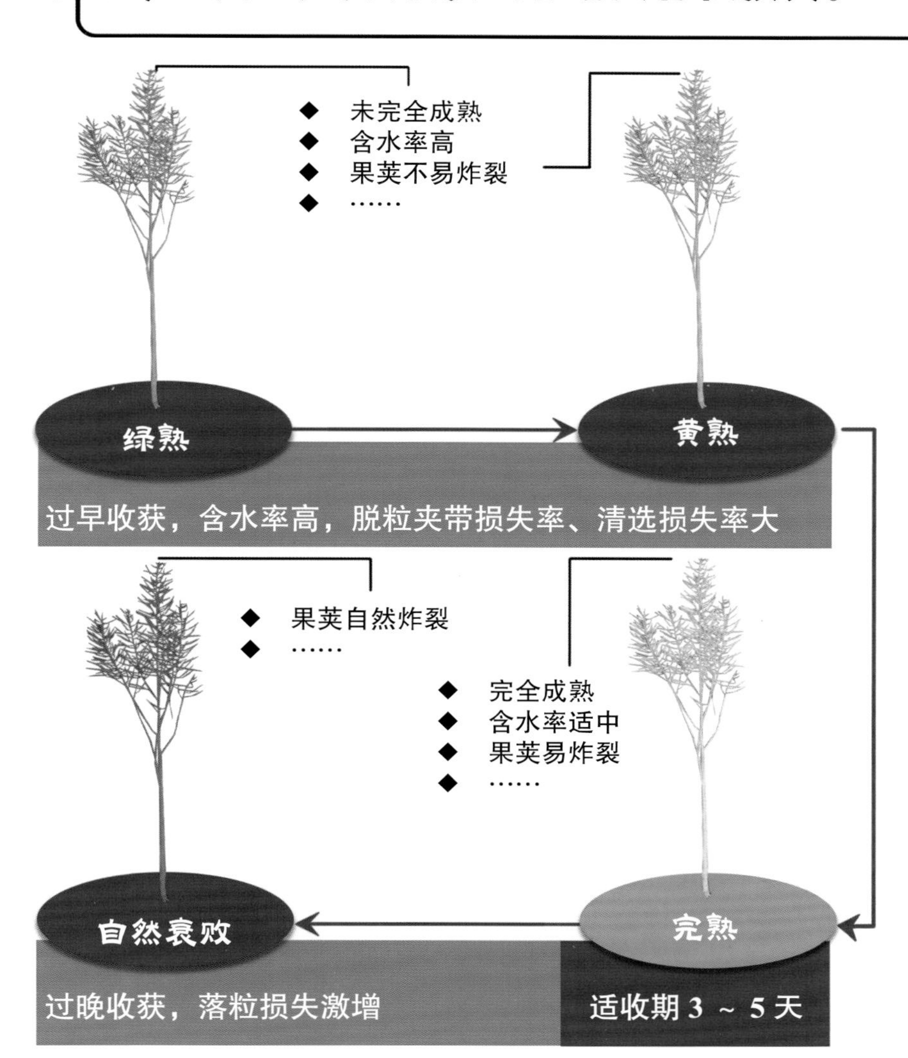

其次，割台落粒损失主要是由作业部件击打振动油菜植株造成的。

从割台的结构介绍可以知道，茎秆切割主要由往复式切割器实现，割刀往复运动自然会引起植株的振动，加上拨禾轮的冲击，角果极易炸裂，造成割台损失。

往复式切割器导致落粒损失

再次，脱粒夹带损失主要是由角果脱粒不彻底导致的。

脱粒分离过程中，部分角果并未炸裂，或脱粒出的少量籽粒再次被荚壳包裹，随茎秆一同排出至田间，导致脱粒夹带损失。

最后，清选损失主要是由于籽粒
没有穿过往复式振动筛，随杂余一同被排出到
田间造成的。
脱出物含水率高易导致清选装置“糊筛”，堵塞筛孔
后油菜籽粒难以通过，不能与杂余分离。

振动筛
风机
杂余
籽粒

“糊筛”导致清选损失

以上就是油菜联合收获的总体情况，优缺点都很明显了。

油菜联合收获可一次下地完成油菜收获所有工序，省时省力、作业效率高，适宜抢农时，如何减少油菜联合收获籽粒综合损失是目前最大的难题。

油菜联合收获我充分了解了，那还有其他的收获方式吗？

有的！其实油菜特殊的生物学特性决定了分段收获是更适宜的油菜收获方式。

油菜分段收获

收获方式：将油菜植株割倒后晾晒一段时间，再捡拾、脱粒，充分利用植株的后熟作用，收获后粒籽饱满

收获时间：全田 70% ~ 80% 角果外观颜色呈黄绿或淡黄，粒籽由绿色转为红褐色

油菜分段收获跟传统人工收获工序基本一致，就是使用机具代替人工干活，那怎么能减少损失呢？

是的，油菜分段收获就是在传统人工收获方式的基础上提出的。油菜分段收获总体分为割晒和捡拾脱粒两大部分，可以保证油菜成熟度基本一致，在植株尚未完全成熟的时候割倒，可以大大降低割台损失等，关键在于提高了铺放质量，而割晒根据茎秆铺放方式可分为中间条铺和侧边条铺，各具特点。

割晒也有这么多讲究呀！请再详细介绍介绍。

没问题，下面我就按照铺放方式展开介绍。

中间条铺就是把油菜植株割倒，向割台中间汇聚后依次铺放，铺放宽度、铺放高度、铺放角都很稳定，甚至可以实现鱼鳞状条铺，以便后续捡拾脱粒。

而且中间条铺底部会有割茬支撑茎秆，与地面有一定的间隙，可确保茬上晾晒不渍水，对雨水天气适应性更好。但是需要预留铺放空间，得用到高地隙的动力底盘。

侧边条铺则是把油菜植株割倒后，向一侧铺放，相比中间条铺，铺放质量稍差一些，但对动力底盘没有特殊要求。

收获田块边缘需要额外人工开道，增加了收获工序。

铺放的方式我了解了，那具体怎么实现呢？

割晒总体工艺就是实现油菜茎秆的切割和输送铺放，切割这部分跟联合收获机差不多，我就不详细解释了，重点还是说说怎么输送铺放吧。

既然铺放方式不一样，那实现输送铺放的结构肯定也不同吧？

您真是一点就透，关键就在割台！

这种割台采用对称布置的横向输送带总成和纵向立辊总成来实现茎秆的中间输送，模拟的是人手搂抱的动作，横、纵向输送总成配合提高了铺放质量！

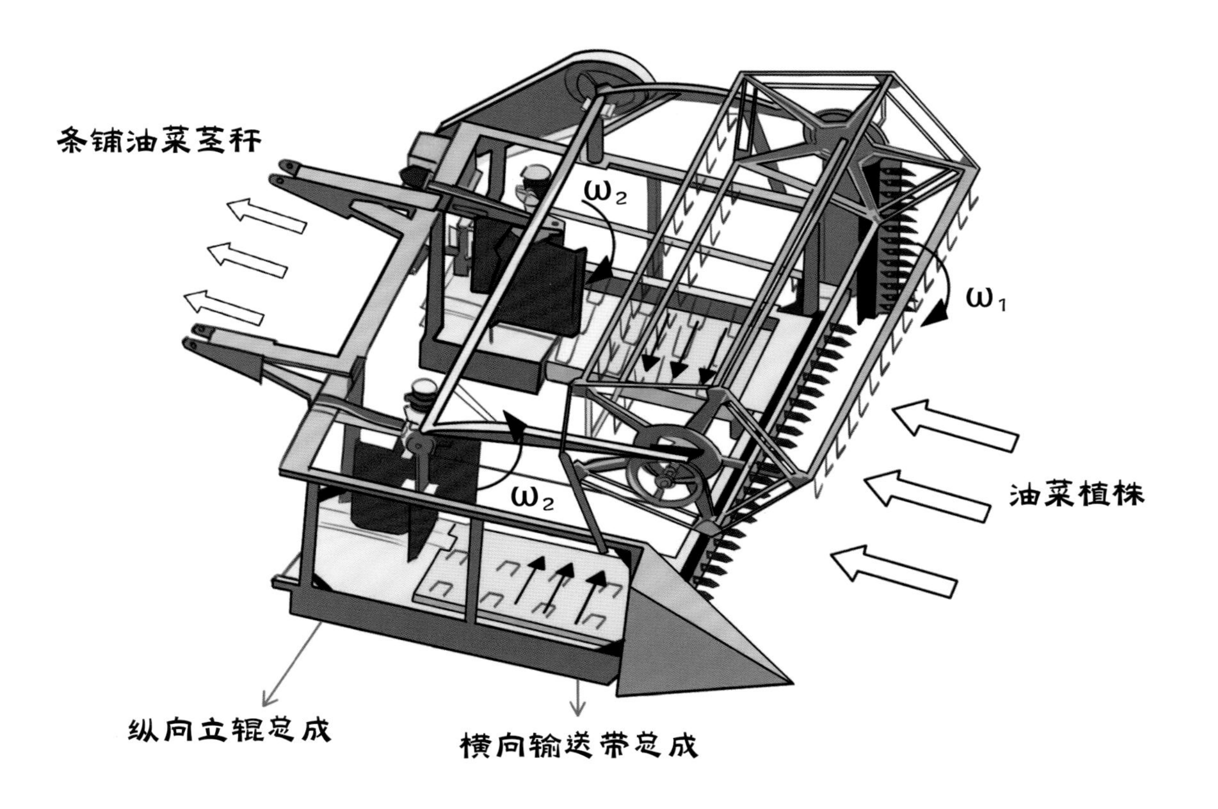

一般采用前悬挂与高地隙拖拉机配合，动力由液压系统提供，各个部件的转速都可以调节，通过调节割台高度来实现留茬高度的调节。

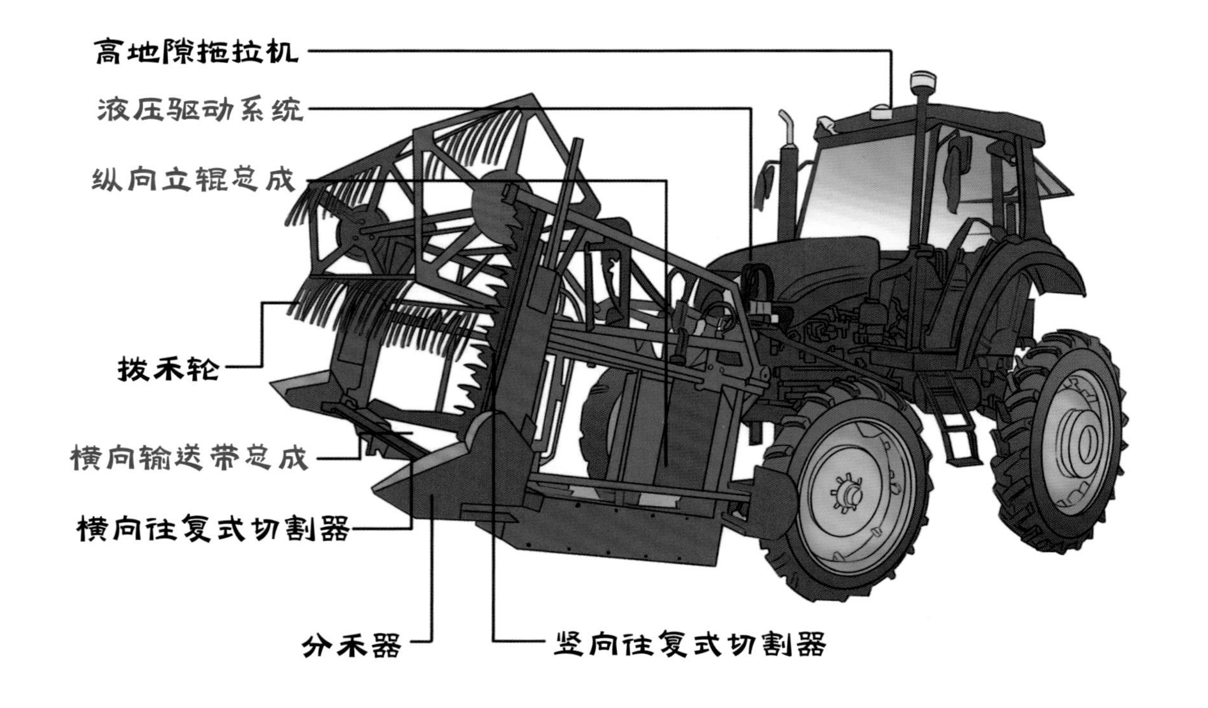

因为是在油菜还未完全成熟时割倒，角果不易炸裂，损失就比较小。您再看这割晒效果，是不是很整齐，这样可以保证后续捡拾脱粒喂入量稳定，有利于进一步减少脱粒损失。

还有一种依靠对称布置的倾斜横向输送带总成也可以实现中间条铺，倾斜布置输送带总成可以使整机结构更加紧凑。

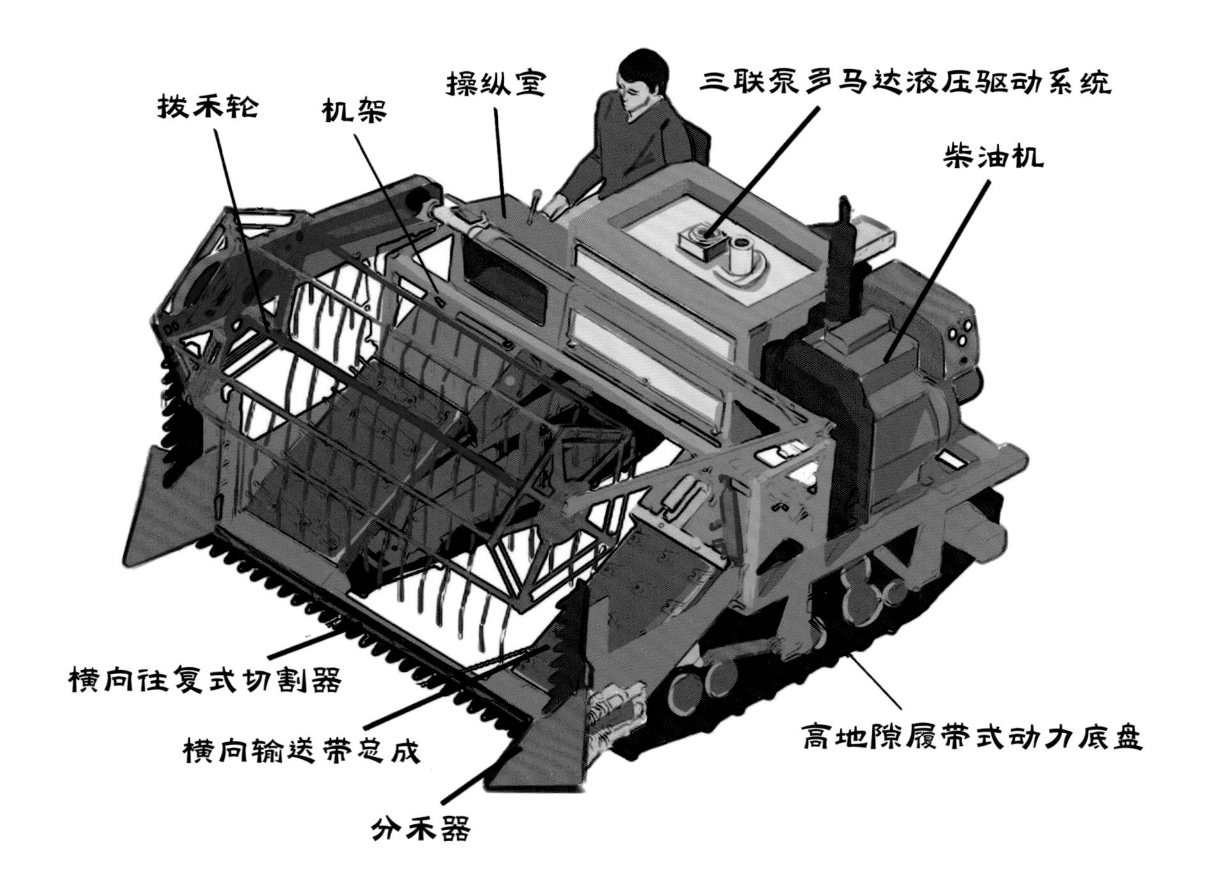

机具的田间通过性也很好，不管是过沟坎还是上下坡，都很平稳。

割晒铺放的效果也很好，铺放宽度和铺放高度基本一致。

侧边条铺割台主要通过横向输送带或带拨指输送链实现油菜植株横向输送。

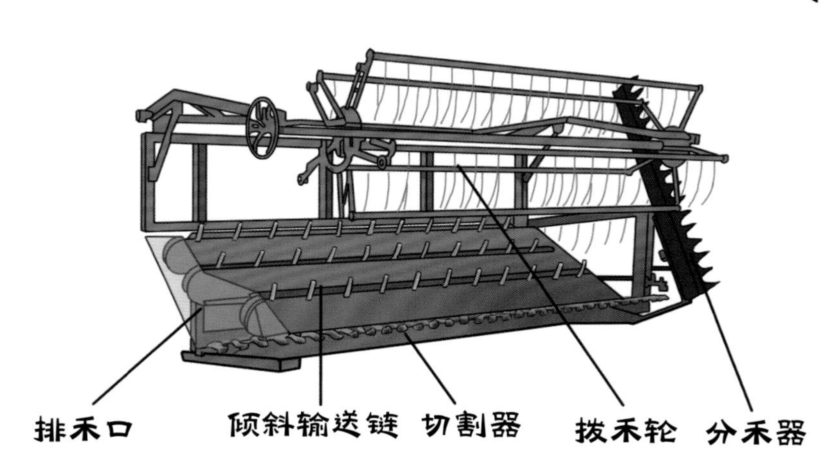

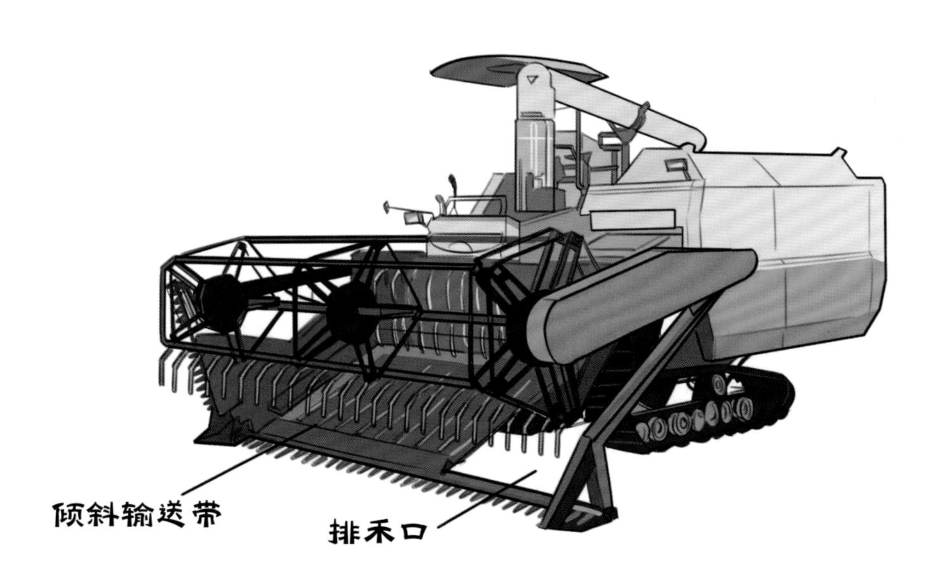

比如采用带拨指输送链的，通过拨指可以提高茎秆输送效率，避免堵塞；采用多排链倾斜布置，能够减少割台纵向尺寸，同时更适宜高大的油菜植株。

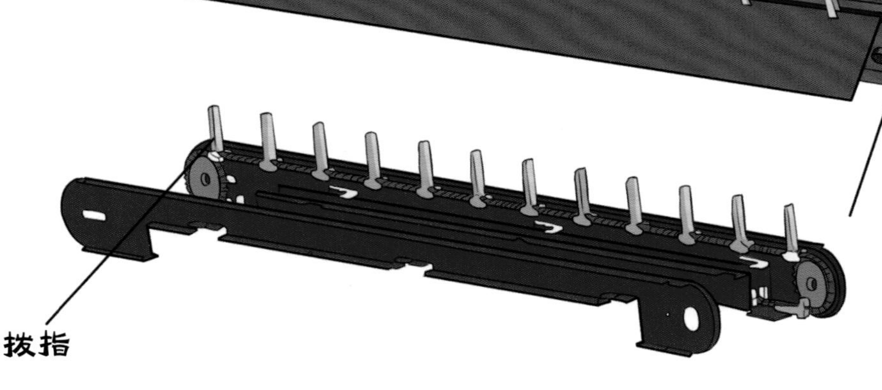

采用模块化设计，可与联合收获机履带式动力底盘配合，也可直接与拖拉机配合，提高机具利用率。

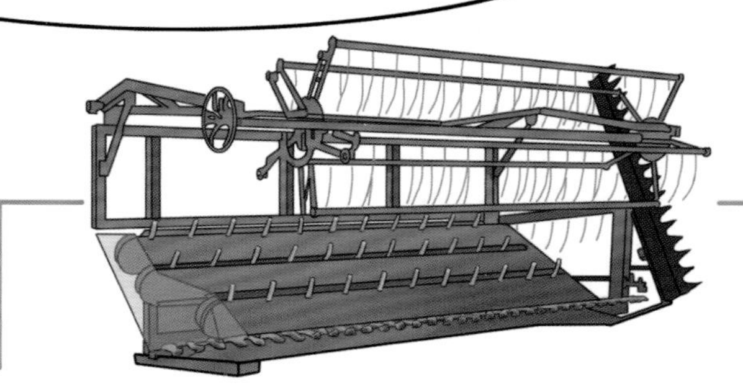

与联合收获机底盘配合使用时，仅需要将联合收获机原有割台拆卸下来，将割晒割台与链扒式输送器对接即可，动力由联合收获机发动机提供。

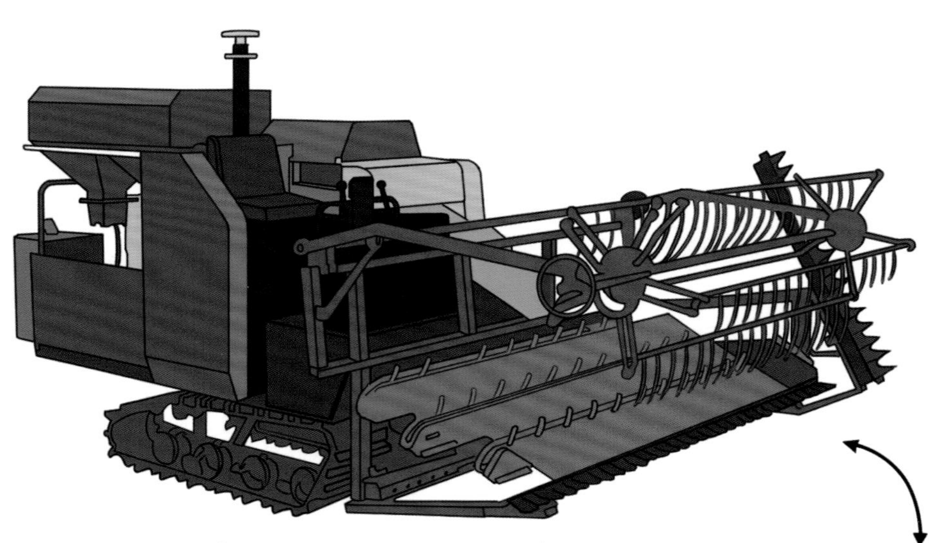

割台模块化设计，可互换

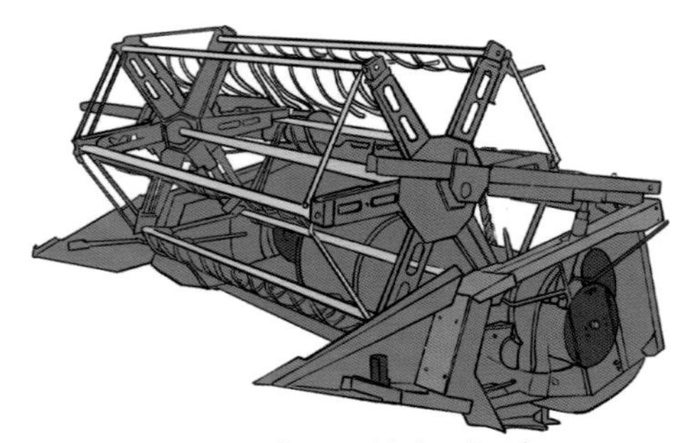

联合收获机割台

割台、拨禾轮等的升降操作与联合收获机一致，非常好上手；因采用履带式动力底盘，转弯半径相对较小，机具也比较灵活，铺放质量也比较好。

与拖拉机配套时，相对复杂一点，需要在拖拉机前面增加一个悬挂升降装置，常见的有平行四杆机构、垂直升降机构等；此外，因为拖拉机动力输出多在后方，所以割台还需单独配有一个发动机。

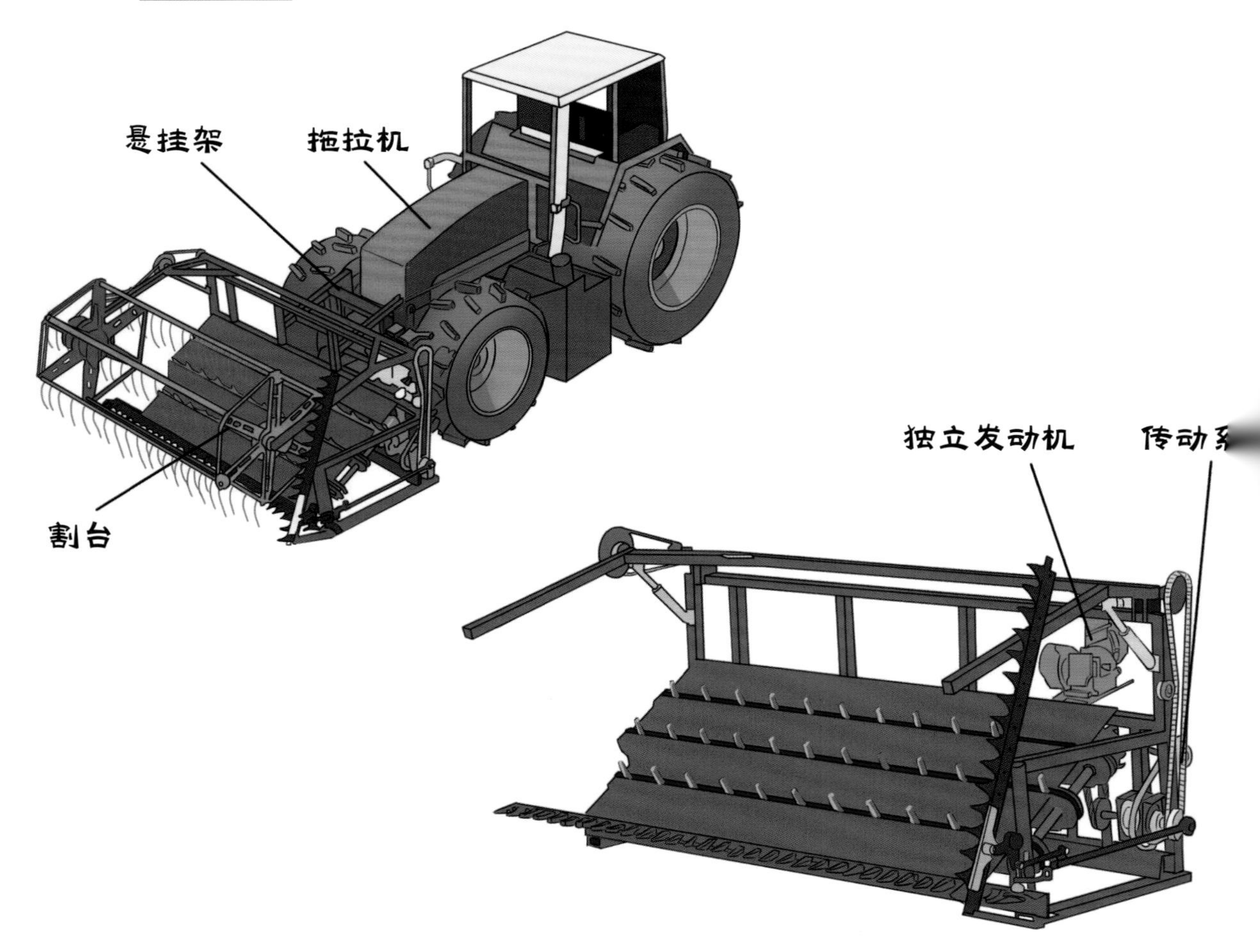

拖拉机前悬挂时，割台升降、拨禾轮升降、割台离合、发动机启停等操作需集成在驾驶室，田间操作需要一定时间练习；而且拖拉机转弯半径比较大，收获地头的油菜时需要特别注意，当然铺放效果肯定能够满足要求。

这些都是比较大型的机具，但是咱们这边是丘陵山区，那该怎么办呢？

这个您放心，还有专门的小型割晒机，轻简灵活，可以满足小田块的作业要求！

割倒后的油菜怎么处理呢？

一般割倒后晾晒一周左右，
等完全成熟就可以给联合收获机割台换上专
用的捡拾装置，将田间成条铺放的油菜捡拾起来，
剩下的脱粒、清选工序就可以依靠联合收获
机完成啦！

目前弹齿式捡拾器

应用比较广泛：一是因为弹齿数量较多，间隙

小，像梳子一样，捡拾能力强；二是弹齿本身具备

定弹性，即使捡拾过程中不小心触地了，也具备

定自我保护能力，整体结构不会受影响；三是

弹齿式捡拾器整体结构比较紧凑。

以上就是关于油菜分段收获的基本知识，优点非常鲜明，就是可以保证收获后油菜籽颗粒饱满、成熟度基本一致，相比油菜联合收获，损失率也相对较低。

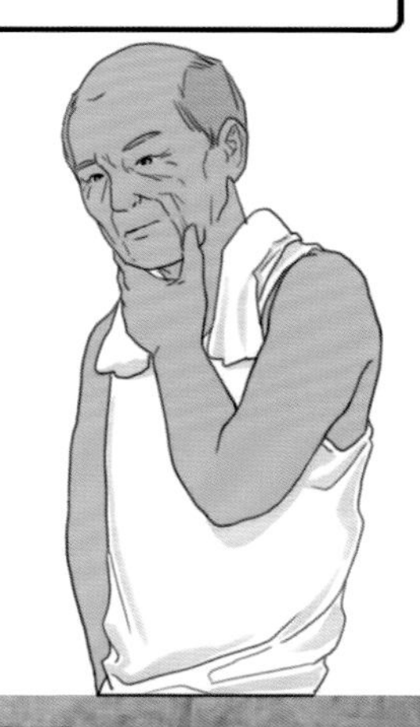

这油菜收获后田间损失的油菜发芽情况对比也很明显啊，分段收获确实能减少损失！

联合收获
发芽多

分段收获
发芽少

油菜机收减损简明要点

收获方式要选对：

联合收获适宜小田块、成熟度一致、株高均匀、倒伏少的油菜收获。

分段收获适宜大田块、成熟度不一致、植株高大、倒伏多的油菜收获。

收获时期要选对：

采用联合收获方式进行收获时，过早收获会产生脱粒不净、青籽多、油菜籽产量和含油率降低等问题；过晚收获容易造成裂角落粒、割台损失率增加。最佳收获期全田 90% 以上的油菜角果变成黄色或褐色，籽粒含水率降低到 25% 以下，主分枝向上收拢，此后的 3 ～ 5 天即为最佳收获期。

分段收获的最佳收获期为黄熟期，全田 80% 左右的油菜角果颜色开始变黄，此后 5 ～ 7 天里都可进行油菜割晒作业；将割倒的油菜就地晾晒 5 ～ 7 天后（遇雨可适当延长晾晒时间），籽粒变成黑色或褐色，一般籽粒含水率下降到 15% 以下进行捡拾脱粒作业。

油菜机收减损简明要点

作业时段要选对：

要抓住早晨带露水、阴天及傍晚有利时机，此时空气湿度较高、油菜角果潮润、角口紧闭不易炸裂、落粒少。

作业准备要充分：

田块需要分好厢、留好转弯区。

作业前检查各操纵装置功能是否正常，备足备好田间作业常用工具、零配件、易损件及油料等。

调节割台、脱粒分离装置、清选装置等作业参数。

收获作业要熟练：

慢工出细活，操作要熟练，调低拨禾轮转速、作业速度，减少损失，有条件加装监测装置。

当然减少籽粒损失不仅仅依靠机械化，也要考虑农机农艺融合，培育适宜机械化收获的油菜品种。

目前具有抗倒伏、抗裂角、抗病、株型紧凑等适合机械化作业的油菜品种不多！

那期待各位专家早日突破！

不利于机收的株型

适宜机收的株型

刚刚讲的，还都是机械化的油菜籽收获装备。未来，随着自动化、信息化、人工智能等技术的应用，油菜籽收获也会实现智能化升级，提高收获质量。

自动导航控制

感知与建模、避
定位、路径规划、
控制……

全方位信息感知

环境信息感知、作物信息感知、数据智能处理……

数字化检测

识别、故障诊
健康管理……

智能动力驱动

发动机智能控制、智能液压动力换挡、智能动力匹配、自动动力切换……

精准收获作业

留茬高度自适应调节、作业参数智能匹配、喂入量实时监测、损失率监测、产量监测……

老李呀，未来的油菜生产将成为“无人农场”，只需要点点手机，就可以完成油菜耕种管收的全部工序，实现全天候、全空间、全过程的无人化作业！

那我可太期待未来的农业是什么样子了！

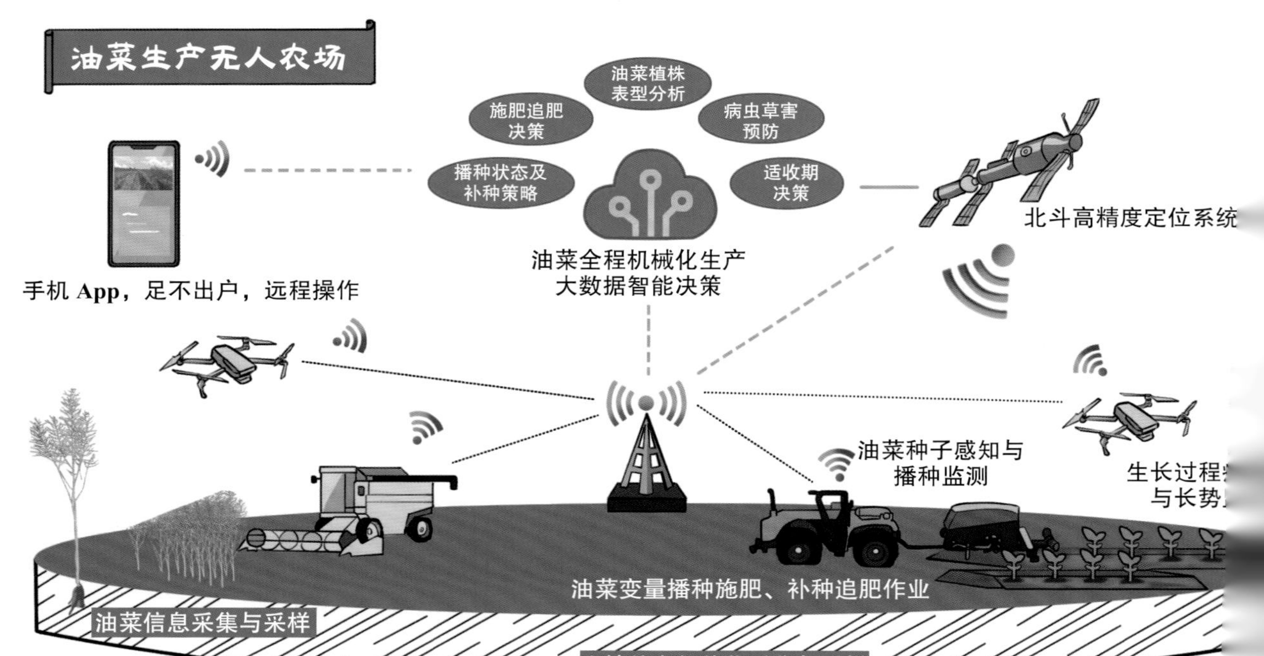

为了提高油菜种植效益，我们也在加快探索油菜的多功能开发利用。除了收油菜籽外，油菜还有菜用、饲用、蜜源、绿肥、药用、观赏等天然优势呢，我们也有配套的油菜薹收获机、饲用油菜收获机等。

哦？油菜还有这么多用处呀！

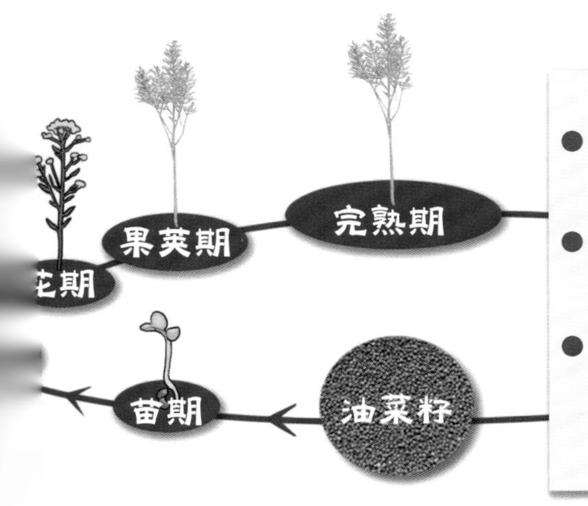

- 菜用：油菜薹。
- 花期：蜜源、观赏。
- 其他：饲用、肥用、药用。

是的！比如说饲用油菜收获，因生物量很大，从油菜苗期到果荚期都可以切碎后用作鲜喂饲料或青贮，解决冬春季节饲料短缺的问题。
我们也开发了模块化饲用油菜收获机，以履带式谷物联合收获机为基础，通过对切碎功能和饲用油菜集卸功能模块组合重构，实现饲用收获与谷物收获功能切换，一机多用。

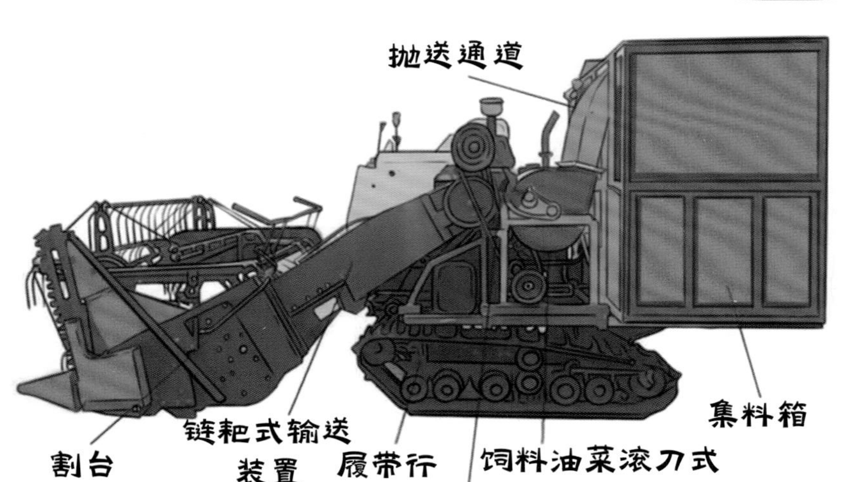
抛送通道
集料箱
割台
链耙式输送装置
履带行走系统
饲料油菜滚刀式切碎装置
自适应调节喂料机构

现在也有专门的油菜薹品种，口感比一般的菜薹还好！

主要是在薹期收获主茎，目前还是以人工采收为主，但已有茎叶统收式油菜薹收获机、对行收获式油菜薹收获机等小范围应用了，有机会再详细向您讲解一下。

茎叶统收

对行收获

横向输送装置

夹持输送装置

集料箱

行走履带

老李获益良多，更坚定了广种油菜的信心。

感谢专家们开发的新技术！这下我是彻底放心了，咱们的油菜一定会种好！以后有困难还得请您多指导！

没问题，有疑问随时联系！

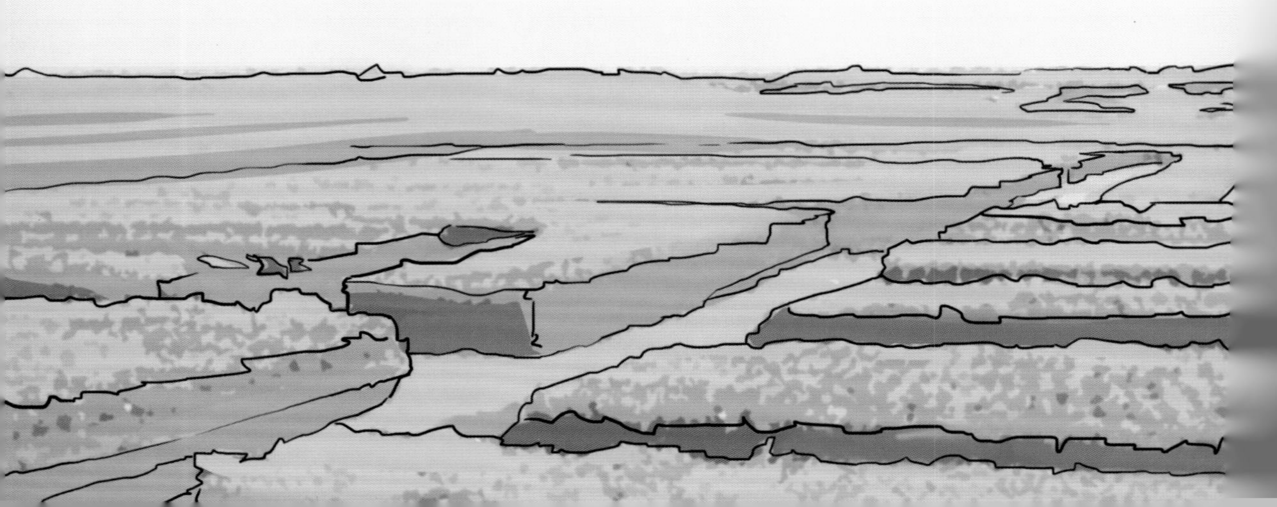